U0231566

百石之人

中国古老文化寻踪

百工之人

刘晓峰 著 刘晓峰 摄影

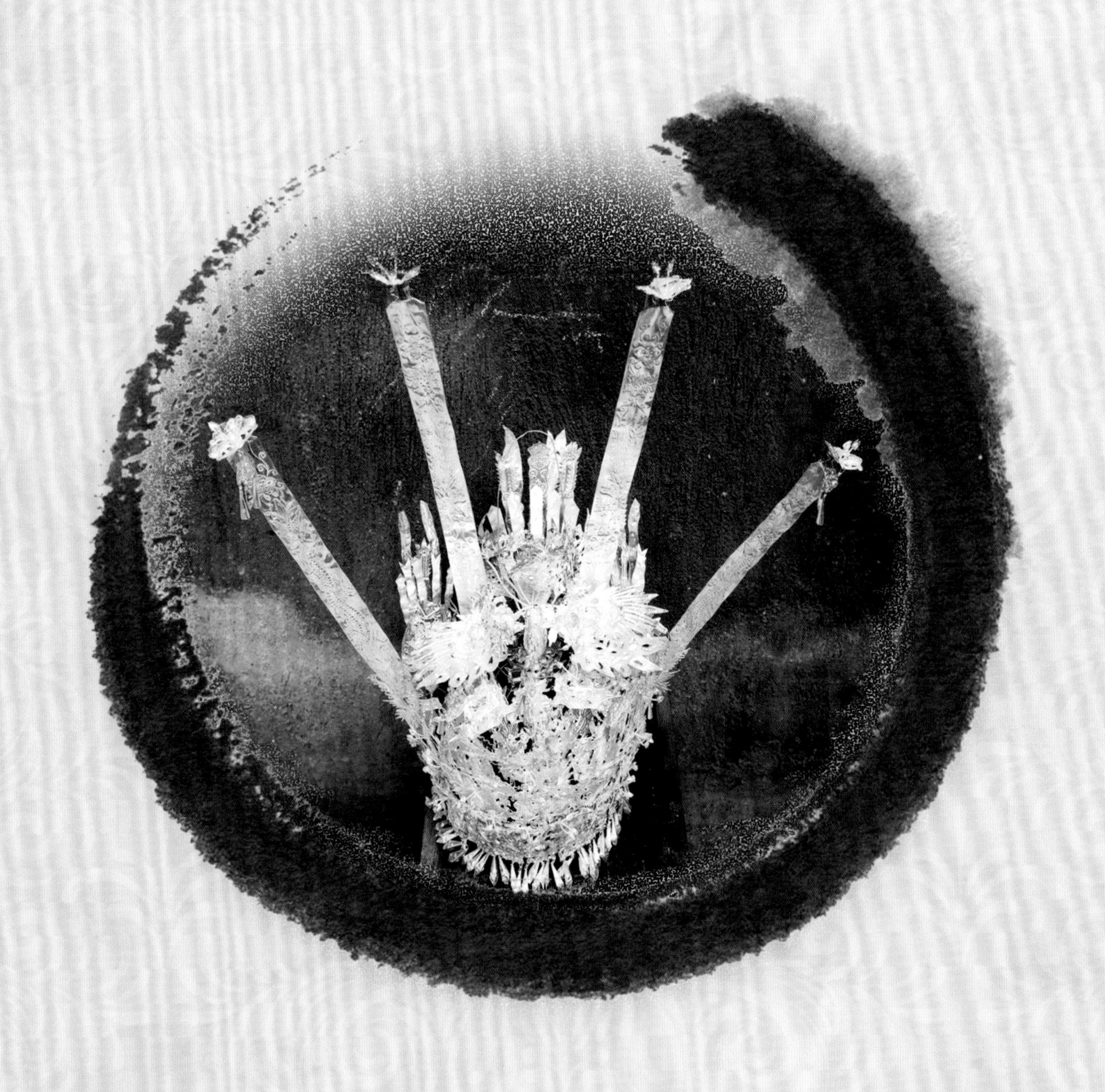

中国科学技术出版社
·北 京·

总序

人类文明的演进是一部文化史，也是一部科技史。在科技革命前的几千年里，文明的发展是分区的、渐进的，缓慢前行，凡是有着悠久历史的民族，都积淀下丰厚的文化结晶。到了近现代，因科技的爆发式发展，经济迅猛增长，全球化整合加速，整个人类文明迎来了前所未有的大变迁时代。那些曾经传承在各民族、部落，体现在艺术、工艺以及人们日常生产生活方式及行为中的文化瑰宝，在几千年历史的波澜中经历了考验，却可能在整体文明变迁中失去存在的基础。

有句老话说：民族的，才是世界的。但今天的现实是，全球化同化着人们的生活，也弱化了支持民族古老文化的基础。摆在面前的课题是：如何保住民族的文化？如何维系全球文化的多元生态？面对逐渐消失的五千年中国古老文化，我们能够做些什么？《中国古老文化寻踪》丛书的一个“寻”字，是非常值得推崇的。

寻，是一种态度。丛书的作者们将目光投向目前还活着但正在或很快会消逝的民族文化精品，诸如传统的手工艺、民俗、古乐舞、古乐器、皇家园林、市井风情、村落生活，等等，它们看起来彼此独立，但从内在看，同样扎根于古老的文明。丛书视野开阔，从皇家宫殿到市井胡同，从隋唐乐舞到历朝乐器，从京剧艺术到藏族神舞，从部落祭祀到清茶一杯，这“寻”的眼光无所不至，唯民族的精神是从。

寻，是一种价值。以四川夹江马村一带的造纸术为例，那里自古以来造纸业非常兴旺。其传承千年的手工造纸法，几乎原版再现了蔡伦的造纸术。夹江手工造纸术系国家级非物质文化遗产。这种以独特视角真实记录民间工艺的作品却有着艺术审美与经济文化的双重价值。又如藏族的羌姆舞蹈，从舞蹈内容上来说虽源于祈求神佛驱除恶魔，但从民族心理文化的深层次来说，却表现出人们期望驱逐浮躁杂念，回归心灵平静的追求。有人说，攀登高山，是因为山就在那儿。我相信，古老文化的记录者们有着同样心结。

寻，是一种方式。早在十几年前，刘晓峰同志就计划构思拍摄“现代的古老”大专题，希望通过挖掘现代生活中古老的文明，以及古代与现代有联系的事和人，比如传统工艺、非物质文化遗产等内容，启发当代读者的文化自觉。摄影者对题材与拍摄角度的选择，其实也是其世界观的一种表达方式。我感到，丛书的工作其实代表了一批农工民主党人的文化自觉。在新的历史时期，他们自觉承担起了保护民族遗产、弘扬中华文化的历史使命。与此同时，中国科学技术出版社多年的精心策划、酝酿与组织，一大批专家、摄影师们长期的积累与饱含深情的工作，则成为丛书得以完成的现实基础和不可或缺的前提。

用影像探寻文化形态，以文字揭示内在价值，《中国古老文化寻踪》抢救的是中国传统文化的“活的基因”。科技推动了社会变迁，科技也给了我们搜救的手段，我们需要发动各方面力量，用高科技方式，以最高技术格式记录下这些“活的基因”，承接祖先的血脉，并世代相传。这也是实现“中国梦”的重要组成部分。

陈竺

前言

对于古代文化与艺术而言，留存下来的途径有两条，一条是口耳相传、以心印心的隐性途径，一条是表现为各种工艺物品的显性途径。几千年来，人类文化在心与物两个层面都经历了考验，能够幸存下来，需要的不只是本身的价值，还需要历史的幸运。手工艺记录着艺术的创造，它的作品是人类文化的物质载体。能够延续到今天，在大工业时代幸存的手工艺，正是历史的见证者。

我们精选了在中国流传千年的传统手工艺，记录、还原那些即将消失的古老文化，诸如老酒坊、民间蜡染布艺、古老造纸术、银饰、年画、传统吹制玻璃容器等，淋漓尽致地展现了中国传统手工艺的精髓。我们在震撼于它们的精湛和唯美的同时，更为手艺人的坚持而感动。

中国的酿酒历史悠久。时至今日，原汁原味的传统酿酒方式，依然可以在一些老窖房和小酒坊看到。在热气萦绕的酒坊中，在昏暗的灯光下，酿酒人挥汗如雨，却又轻松乐观，他们彼此调侃，协同工作。人生的喜怒哀乐，正是在这多年如一日的劳作中升华，化作了醇香宜人的美酒佳酿。

苗族人民勤劳、善良、充满智慧，创造了灿烂的银饰文化。他们的银饰工艺精湛，独具匠心，具有很高的实用价值、艺术价值和收藏价值。历经岁月变迁，那些精美的银制品依然璀璨，散发着华丽却又平实的艺术气息。它们已成为贵州少数民族特别是苗族生活的必备之物，传承不绝。

蜡染是一种古老的纺染工艺。贵州蜡染是浪漫主义的代表作，它的图案取材广泛，造型不拘一格，因地域的差别而灵活多变，可谓异彩纷呈。蜡染以素雅的色调、优美的纹样、丰富的文化内涵，在贵州民间艺术中独树一帜。

造纸术是中国古代的四大发明之一。四川一直是中国的造纸重地，四川夹江马村一带，山岭沟壑之间竹林遍生，自古以来造纸业十分兴旺，今天，这里仍然传承着古法的手工造纸工艺，并入选了中国国家级非物质文化遗产。

绵竹地处四川盆地西北边缘，因盛产绵竹而得名，绵竹是上好的造纸材料，绵竹造的好纸又为年画的发展提供了便利条件。绵竹木板年画始于明末清初，清乾隆年间最为兴隆。2006 年，绵竹木板年画被列入我国第一批“国家级非物质文化遗产名录”。汶川地震曾摧毁了绵竹，但绵竹的年画艺术却顽强地生存下来，我们用图像来纪念它的成就，也致以应有的敬意。

人类发明玻璃并将其用于生产生活的历史已有三千多年了，时至今日，不少大型的玻璃制品还是无法以工业化的方式完成，工人们手握吹筒，团揉、搓拉、鼓吹之际，一件件晶莹光亮的玻璃容器成型，这一次次美丽的创造也永远定格在我们的照片里。

相似的，还有成都双流县永兴镇丹土地的同治窑泡菜坛子，这可是号称龙窑的作品。如今，这座古老的村庄依然窑火旺盛。村头那座沿山坡而建的庞大龙窑，使人陡然一见，实在是气度轩昂，气势恢宏。

时间的长河漫长无尽，人类的历史却稍纵即逝，恰如龙泉宝剑折射的寒光，从春秋的星空，照进了公元 21 世纪铸剑师的眼眸。两千年，弹指一挥间，人们仿佛看见了龙泉剑那浸润着铁与血、悲与喜的历史画卷缓缓展开……

今天，就让我们循着历史的踪迹，了解中华文化的绚丽多姿，领悟中华文化的多元和包容，把中国推向世界，让世界了解中国。

刘晓峰

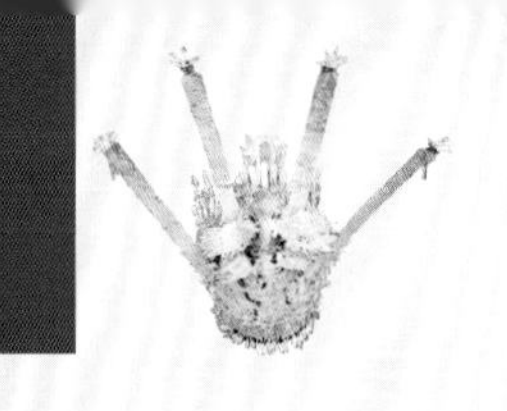

目录 | Contents

• 老酒坊酒香飘千里 •
08

• 贵州银饰巧夺天工 •
32

• 蜡染布艺精美绝伦 •
46

• 古老造纸术在延续 •
62

目录 Contents

• 精细富丽绵竹年画 •
82

• 传统吹制玻璃容器 •
104

• 双流合江之坛罐窑 •
124

• 阿金锻造龙泉宝剑 •
144

老酒坊
酒香飘千里

中国的酿酒历史悠久。时至今日，原汁原味的传统酿酒方式和酿酒人，依然可以在一些老窖房和小酒坊看到。热气萦绕的酒坊中，昏暗的灯光下，酿酒师傅一边挥汗如雨地劳作，一边轻松乐观地相互调侃，人生的苦痛与挫折，正是在这艰辛与坚持的劳作中得到了升华，化作了醇香宜人的美酒佳酿。

老酒坊的传统酿酒工艺大致可以分为拌料、蒸料、入窖、蒸酒、窖藏五个工序。拌料，是将酿酒的原料按比例配合好。主料为高粱，并按一定比例配以大米、糯米、小麦和玉米。

熟糠堆放

蒸料，是将配好的料放入酒甑，蒸煮一小时左右，再撒入酒曲。酿酒的酒曲，是多年传承下来的含有发酵酿酒微生物的酒糟。图为酿酒师傅正在为甑子加煤，准备蒸料。

把蒸好的料从甑子中取出来。

入窖，是将蒸好的料放入泥窖，封闭发酵。发酵时间为10天到30天。泥窖的窖泥含有大量的微生物，能帮助完成发酵酿酒的过程。酒曲和窖泥是决定酒品质的关键因素。出好酒的酒厂和作坊，都拥有自己祖传多年的酒曲和窖泥。

蒸酒，是将入窖后完成发酵的配料，装入蒸酒锅加热，蒸馏出酒。蒸馏出来的酒，要掐头去尾，因为先蒸馏出来的“头酒”和最后蒸馏出来的“尾酒”，口味都不佳。只有中间蒸馏出来的酒，酒精含量、口味、品质比较稳定，可以作为原酒入库。在蒸酒的过程中，有经验的酿酒师傅会不时品尝酒的质量，掌握蒸酒的时间和火候。

出酒。

出酒后，酿酒师傅把酒糟从甑子中取出摊开晾凉。蒸酒后留下的酒糟，混入酒曲，可以再次加入新的原料，重新入窖发酵，循环使用，这样做可以提高出酒的数量和质量。最终剩余的酒糟，则可以做饲料和肥料。

酿酒师傅下到甑子中舀甑脚水。

用水冲洗甑子并加水准备下次蒸料。

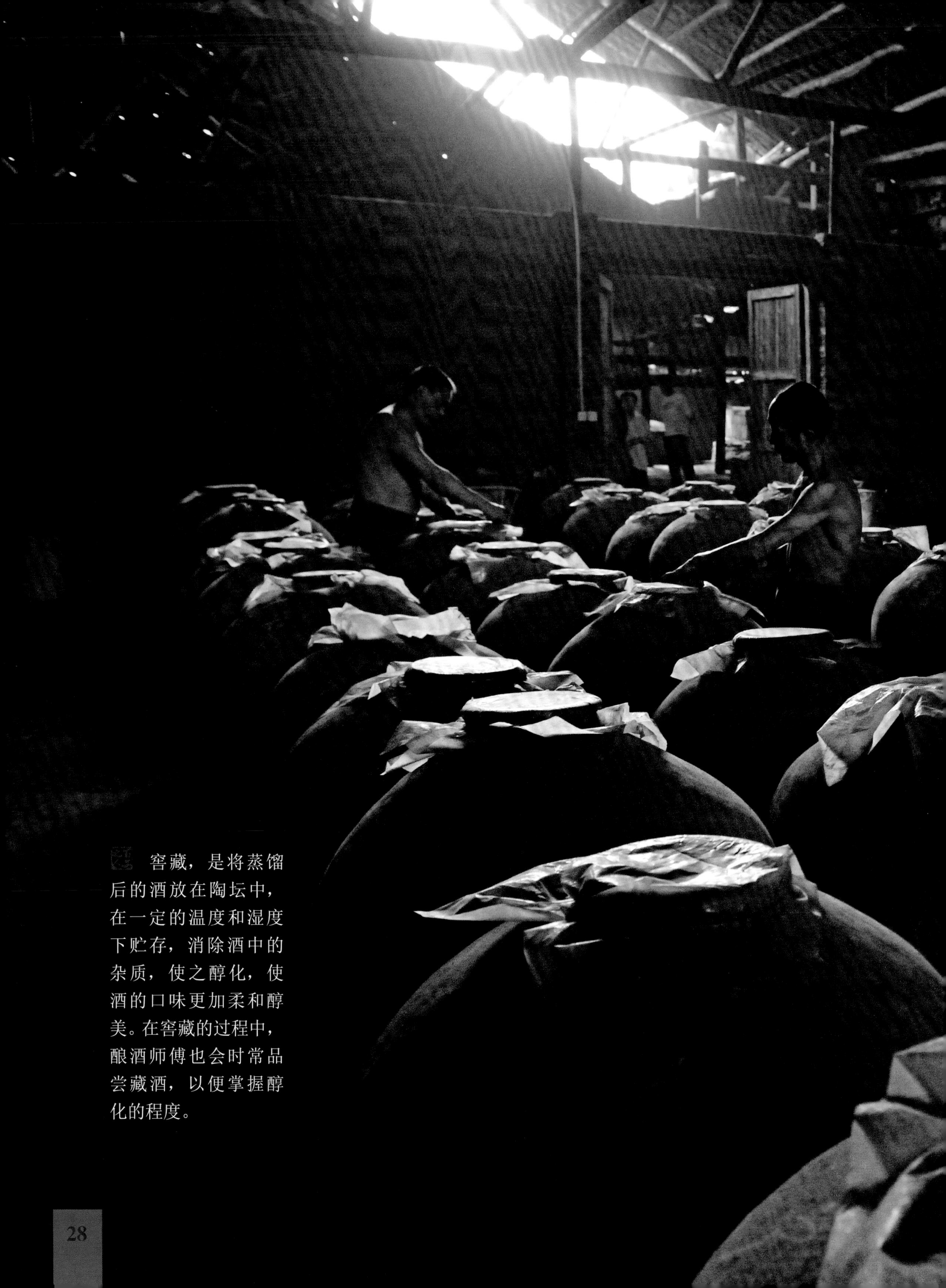

窖藏，是将蒸馏后的酒放在陶坛中，在一定的温度和湿度下贮存，消除酒中的杂质，使之醇化，使酒的口味更加柔和醇美。在窖藏的过程中，酿酒师傅也会时常品尝藏酒，以便掌握醇化的程度。

劳动后利用蒸酒的冷却水洗个澡。

贵州银饰巧夺天工

贵州山峦起伏，沟壑纵横，是少数民族聚居的地区。这些少数民族的祖先长期生活于猛兽、毒蛇出没的山野之中，还要面对森林中瘴气的威胁，生存环境十分恶劣。他们认为，银器是辟邪祛毒之物，银针、银簪可以试毒，遇到有毒之物会变黑；银首饰能辟瘴气，解除瘴气的毒素；佩戴银制的各种饰物，可以了解自己的身体状况，如果身体状况不佳，所戴银饰物也会黯淡，失去光泽。

苗族是一个勤劳、善良、充满智慧的民族，他们创造了灿烂的银饰文化，他们的银饰工艺精湛，独具匠心，具有很高的实用价值、艺术价值和收藏价值。历经岁月变迁，银制品已成为贵州少数民族特别是苗族生活的必备之物，并一直传承不断。如今，苗族姑娘的一套银饰服装可重达十几千克，价值几万元到几十万元。

贵州银饰品种丰富，花样繁多，工艺各有特色，但概括起来离不开下料、切料、化银、锻料、打花、钻孔、焊接、打磨、清洗这几道工序。贵州银饰的制作多以工匠们的家庭、作坊制作为主，这里的能工巧匠身怀绝技，打造出了令人赞叹、巧夺天工的贵州银饰。

贵州银饰一般可分为三个等次。

第一等次：工艺精湛，工序复杂，成品美观。这类银饰主要有银冠、银凤、空花手镯、银线编织手镯、发髻银索等。银性软而延展性强，可拉成马尾样的细丝来编织手镯、戒指、发髻银索。又如银凤的制作，是以模型压成凤身，以精钻花纹的薄银镶合为凤的身、首，另以薄银片剪作尾和翼，焊接于凤身而成。尾羽应为身长的数倍。

第二等次：做工细致，种类繁多，流行面广，但工序不如第一类复杂，技艺也略逊一筹。常见的成品有：钻花空心手镯、胸牌、镶花银链、泡花项圈、吊铃钻花项圈、细银项链、银泡、银铃、钻花戒指等。泡花项圈的制作就颇费心思：以数根方形的长银条各循回纡成数十个圆圈，交叉互扣，即成长条泡花。最后将长条泡花纡成项圈，两端用细银丝缠牢，顶端一作环、一作钩而成，佩戴时互扣。

第三等次：工艺较简单，艺术性差，但用银量大。这类银饰有项圈、项链、手镯、耳环、戒指等。常见的螺旋形大项圈是这样制作的：先将纹银锤成四方长条，中间大，两端渐小，剩余的两端为圆棒形。四方形的这一截，每方都钻一长槽，然后冷扭成螺旋形，纡为圆圈而成。

蜡染布艺精美绝伦

蜡染是一种古老的纺染工艺，古称“蜡缬”，“缬”的意思是有花纹的织物，曾与“绞缬”（扎染）、“夹椒”（蓝布印花）一起被称为中国古代的三大印花工艺。贵州蜡染的图案取材广泛，造型不拘一格，灵活多变，充满浪漫主义色彩，其艺术风格因民族和地域的不同而异彩纷呈，以素雅的色调、优美的纹样、丰富的文化内涵，在贵州民间艺术中独树一帜。

蜡染的历史极为悠久。有的学者认为，蜡染工艺始于秦汉，发展于唐代，宋以后在西北、中原失传，随着苗族大迁徙后和布依族会合转入西南，最后在贵州广为流传。

蜡染布是在布匹上涂蜡、绘图、染色、脱蜡、漂洗而成。它的图案精美，尤其是在蜡冷却后会在织物上产生龟裂，色料渗入裂缝而形成“冰纹”，纹理变化无穷，极富感染力。同一图案设计，做成蜡染后，“冰纹”绝不可能雷同，这也是区别真、仿蜡染布的标准。

绘制蜡染的纺织品一般是用民间自织的白色土布，但也有采用机织白布、绵绸、府绸的。

蜡染剂主要是黄蜡（即蜂蜡），有时也掺和白蜡使用。所用染料是贵州生产的蓝靛。绘制蜡花的工具不是毛笔，而是一种自制的铜刀。因为用毛笔蘸蜡，容易冷却凝固，因此不利于绘制蜡花，而金属画刀便于保温。在绘画不同线条的时候，会使用不同规格的铜刀，一般有半圆形、三角形、斧形等。

蜡染的制作方法和工艺：把白布平贴在木板或桌面上点蜡花。点蜡，是把蜂蜡放在陶瓷碗或金属罐里，用火盆里的木炭或糠壳火使蜡融化，便可用铜刀蘸蜡作画。作画时，一般是照着剪纸的花样确定大轮廓，然后画出各种图案花纹。而有些特别心灵手巧的工匠，只用指甲在白布上勾画出大轮廓，便可得心应手地画出各种美丽的图案。

浸染是把画好的蜡片放在蓝靛缸里浸泡，通常需要五六天。第一次浸泡后取出晒干，便得到浅蓝色。再放入浸泡数次，便得到深蓝色。如果需要在同一织物上出现深浅两色的图案，便可在第一次浸泡后，在浅蓝色上再点绘蜡花浸染，染成以后即现出深浅两种花纹。

贵州蜡染一般都是蓝、白两色，但也能做到多色。在安顺、普安一带，人们会在蓝、白两色外加染上红、黄、绿等色，成为明快富丽的彩色蜡染。制作彩色蜡染有两种方法：一种是先在白布上画出彩色图案，然后将其“蜡封”起来，浸染后便现出彩色图案；另一种方法是按一般蜡染的方法漂净晾干以后，再在白色的地方填上色彩。至于彩色染料，一般红色用杨梅汁，黄色用黄栀子。

贵州蜡染分布区域很广，主要是在苗族、布依族、水族等民族中盛行。蜡染的工艺世代相传，积累了丰富的创作经验，自成一系，是我国极富特色的民族艺术之花。目前“蜡染艺术热”已在世界范围内兴起，蜡染正走出贵州，跨出国门，走向世界。

古老造纸术在延续

造纸术是中国古代的四大发明之一。四川为造纸重地，四川夹江马村一带，山岭沟壑之间竹林遍生，自古以来造纸业非常旺盛，今天，这里仍然传承着古法的手工造纸工艺，并入选了国家级非物质文化遗产。

夹江手工造纸始于唐朝。据记载，清代康熙皇帝曾将夹江纸定为文闱卷纸和宫廷用纸，作为科举考试和皇宫御用，夹江纸由此声名鹊起。现在，夹江马村全乡有6500人从事造纸工作，超过总人口的50%，马村造纸每年的产值在2500万元左右，产品出口日本、新加坡等10多个国家和地区。夹江造纸工艺上承晋代竹纸生产工艺，与明代《天工开物》所载工序完全吻合，几乎原版再现了伟大的蔡伦造纸术，至今代代相传，后继有人。夹江造纸经过72道工序完成，造纸工艺古韵十足。其中包括砍竹麻、脱青、捣竹子、上篁锅、洗灰、漂白、除砂、抄纸、榨纸、刷纸、上墙等工序。造纸工具则包括料池、篁锅、石臼或石碾、纸槽、纸帘、大壁、纸架等。

选取的竹麻放入清水后杀青，需要在蒸锅中反复蒸煮和人工捣捶。

竹麻经篁锅蒸煮槌捣后，还需要在石碓窝中反复舂打。

在选料的过程中，舂打后的竹麻经发酵后选择抄纸的浆灰，工人需去掉浆灰中的杂质。

竹麻经过沤、蒸、捣几个工艺环节后，形成浆灰。将浆灰汤料下槽，下槽是抄纸前的准备工序。

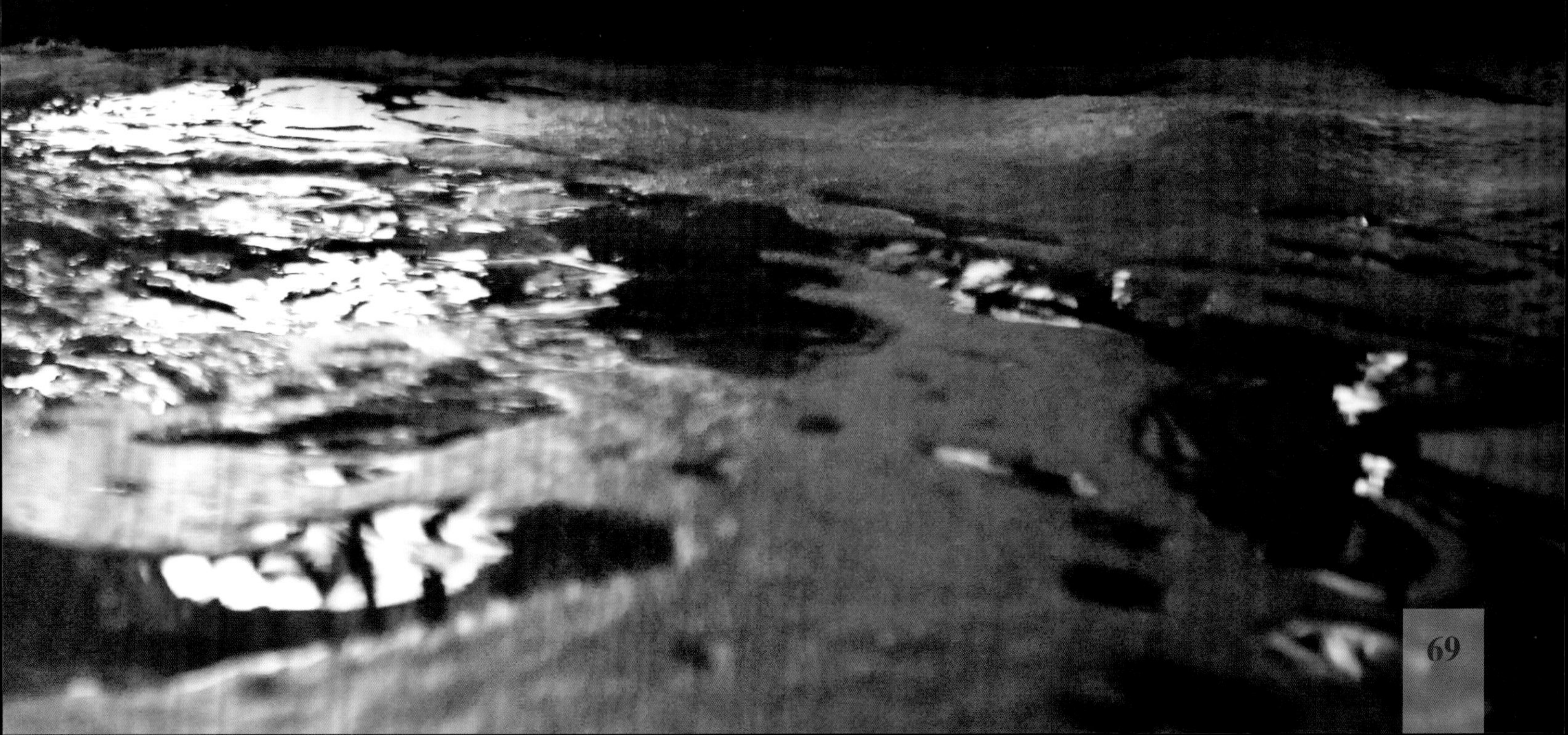

用密织的竹帘将纸浆从纸槽中舀出，是古法抄纸最为讲究手艺的一个重要环节。

将附有纸浆的竹帘从浆池中提起。

将舀有薄薄一层纸浆的竹帘揭起，一张手工纸张就算初步成型了。

对刚揭帘成型的纸张进行压榨，以去除多余的水分。

刚成型的纸张经过一段时间的压榨，待水分稍干后，再将其刷在平整的墙面上，等待自然晾干。

工作一天，工人们心里也会有一种特别的成就感，他们彼此相邀，举杯解乏。

精细富丽绵竹年画

四川绵竹是著名的年画之乡，绵竹年画画工精细，色彩富丽。绵竹银杏沟的羌族百姓热情好客，能歌善舞。然而，汶川大地震后，此拍摄地已不复存在。那逝去的歌声舞姿，永远地记录在一张张照片里……

绵竹地处四川盆地西北边缘，地如其名，盛产绵竹，这是一种造纸的上好材料。好纸为年画的发展提供了便利条件。绵竹木板年画始于明末清初，清乾隆年间最为兴隆。2006年，绵竹木板年画被列入我国第一批“国家级非物质文化遗产名录”。

耄耋之年的陈兴财老先生是绵竹木版年画南派的“掌门人”，也是国家级非物质文化传承人，他从16岁开始学习年画绘制，算起来，和年画已经打了七十多年的交道。而七十多年来，他绘制的年画，也不知给多少人带去了多少的年节快乐和祝福。

间年畫坊
根植绵竹千家農户亦鋤亦筆

绵竹木板年画的体裁主要有两大类：红货与黑货。

红货指彩绘年画，包括门画、斗方、画条。其中画条分中堂、条屏、横推、单条等，供厅堂、居室、走廊及牲畜圈等张贴之用；门画有大毛、二毛、三毛等大小之分，贴大门、厅门、房门、灶门上之用。

百禄
三星高照
镇宅

黑货则指以烟墨或朱砂拓印的木版拓片，多为山水、花鸟、神像及名人字画，此类以中堂、条屏居多。一千多年来，无论是红货还是黑货，既传承了宋代以前的手工风格，又继承了宋代雕版印刷术的绵竹木版年画，都以造型质朴、粗犷、色彩鲜丽的特色，行销中国西南、西北地区。

绵竹木板年画的制作工艺复杂，包括起稿、刻板、印墨、施彩、盖花等。年画都是手工彩绘，即便是同一张版，手绘的人不同，效果也不会一样。年画的构图多为对称性，且强调运用色相和色度比，尤善用金色，如沥金、堆金、贴金，不一而足。

三星高照

作画人随意地从笔筒里拈取画笔，或蘸佛青、桃红，或蘸猩红、草绿，提笔，凝神，走笔，手腕游移转动之际，那如烟的彩色，随着笔杆的摇曳、笔锋的劲力，便在那些已经墨版起稿、人物画像轮廓初具的宣纸上，鲜活起来，成为中国人从小就识得了解的秦琼、尉迟恭等。

和合献寶

中国人张贴年画的习俗由来已久。《山海经》记述，早在几千年前的周代，人们就把神荼、郁垒两位神话人物，画在桃木板上，悬于大门或寝室门两侧，祈福纳祥，镇邪驱鬼，那是国人心目中最早的门神。及至唐代，门神换为那个时代的人们所崇拜的英雄人物秦琼和尉迟恭。到后来，受不同地域文化的影响，门神的队伍不断扩大，有文门神、武门神、祈福门神，有天官、仙童、送子娘娘、福禄寿三星、赵云、刘海蟾、钟馗，等等，不一而足。

绵竹木板年画欣赏。

同樂圖
胡

绵竹木板年画欣赏。

四川绵竹地区有大小年画作坊300余家，年产年画1200多万张。除此之外，天津杨柳青、山东潍坊、江苏桃花坞也是当时极富特色、规模庞大的年画生产地，它们并称为中国木版年画的“四大家”。

传统吹制玻璃容器

人类发明玻璃并将其用于生产生活的历史已有3000多年了，我国汉唐已开始制造玻璃，明清以来开始从国外引进玻璃制品，而今玻璃已经遍布我们生活的各个角落，玻璃产品的制造也已十分现代化了。

有些大规模的玻璃容器，比如20000毫升到45000毫升的细胞培养容器，现代工业技术竟然无法制造，还须回归传统工艺制作。传统制作工艺的古老和几千年来所积淀的文化厚度让人难以割舍并心存敬意。

图为工匠对配好的原材料进行筛分。

进入加工车间，映入眼帘的是刚出炉的玻璃溶液放射着火焰般的光彩，几个壮汉在坩锅炉旁挥汗如雨地忙碌着，工匠们用长长的不锈钢吹筒剪料（剪取玻璃料液）、滚碗（定型需吹制玻璃容器的坯子）、吹制，一件件透着火红颜色的玻璃容器从定型模具中取出后，立即被送到退火炉中降温。

工匠正在揉料。

闲人免进
车间重地

揉料过程中的吹制。

入模成型。

JINMA

将成型的玻璃容器放入火槽中烤口。

退火后的玻璃容器则被及时“圆口”（趁余温打磨粗糙的瓶口）……工人们手握吹筒的操作，一顿、一牵、一点，团揉、搓拉、鼓吹之际，一件件晶莹光亮的玻璃容器就成型了，其精湛的传统玻璃制作技艺让人叹为观止。图为工匠正在对玻璃容器进行磨口。

对玻璃容器进行喷砂刻制容量刻度。

对玻璃容器再次检验后打包入库。

双流合江之坛罐窑
Acrocodile

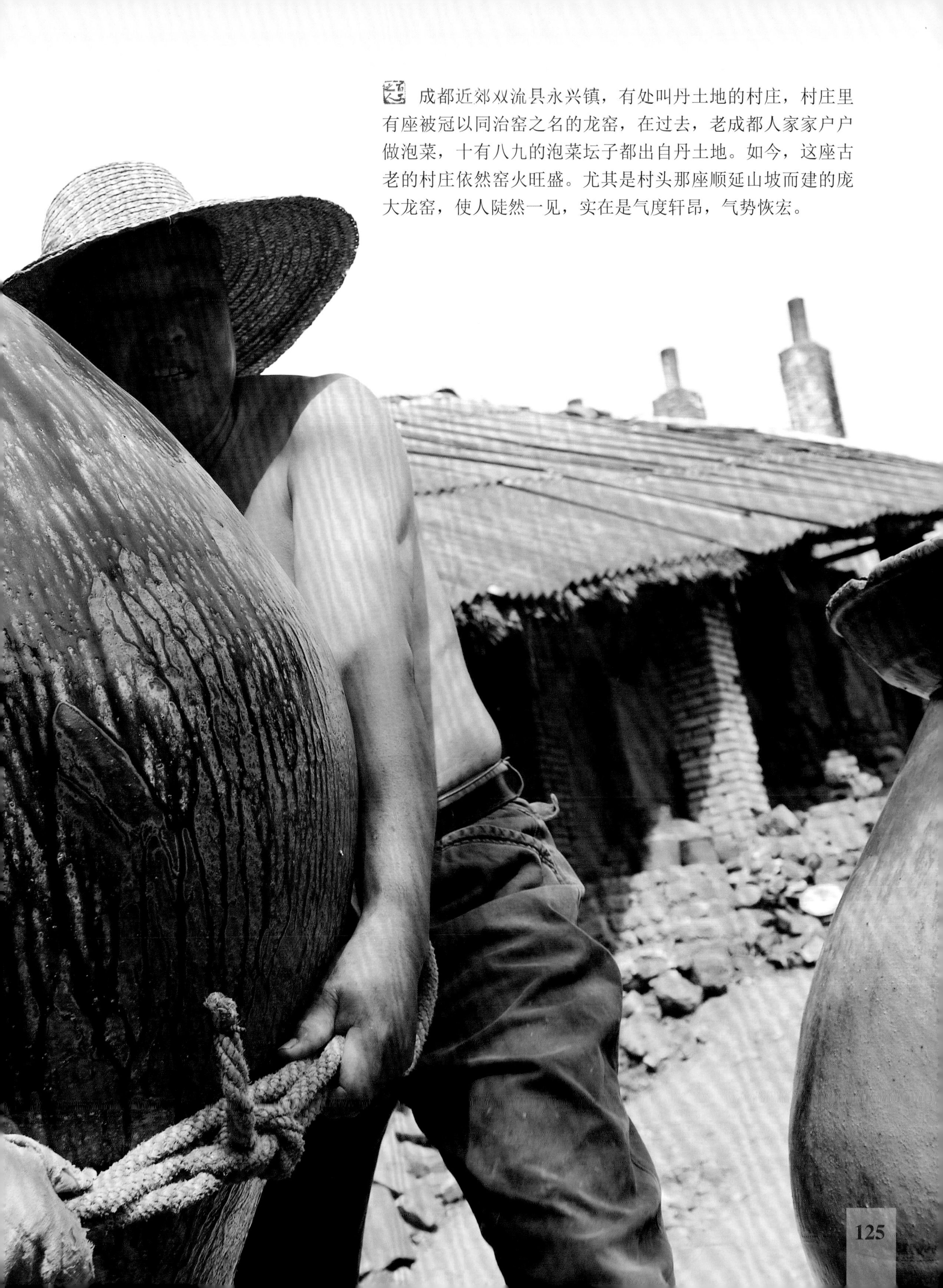

成都近郊双流县永兴镇，有处叫丹土地的村庄，村庄里有座被冠以同治窑之名的龙窑，在过去，老成都人家家户户做泡菜，十有八九的泡菜坛子都出自丹土地。如今，这座古老的村庄依然窑火旺盛。尤其是村头那座顺延山坡而建的庞大龙窑，使人陡然一见，实在是气度轩昂，气势恢宏。

龙窑只是烧制陶瓷窑炉的一种，最早出现在商代，因其多依山坡之势倾斜砌筑而成，形同卧龙，故名。由于一般龙窑的仓道都高及 2 米，宽近 2 米，除烧大件陶器是它的优势外，还由于龙窑本身窑身的倾斜，因此可以形成一定的空气抽力，这不仅有利于窑内温度均匀分布，也使其具有升温快、散热也快的特点。

拉坯、上釉、烧窑……烧制陶器需要“十八般武艺”样样精通。

随手挖取一团泥在木板上反复搓揉后置于车盘的中央，用一支竹竿将车盘撑地飞旋起来，将大拇指插进泥团中，在手指灵巧的变换之际，那泥团逐渐变成了一个碗的形状，之后是罐子的形状，再然后是一只有着滚圆肚子的坛。这个过程说起来很长，其实最多也就一分钟的时间。

在一些快晾干的产品上，可以精心地塑上或刻上一些装饰图案。

作为成都近郊硕果仅存的龙窑，它的传统生产方式正越来越多地吸引着一些市民的目光，每到周末，游客纷至沓来，访古问今，在龙窑前凭吊一段旧时的光阴。

中国陶器烧制至少已有12000年的历史。在人类文明的漫长历史中，先期人类曾发明过收割谷物的陶刀、汲水的陶罐、煮食的陶釜，等等，除了具备实用功能之外，陶也担当起先期人类审美和精神娱乐的载体，比如用以娱乐的陶埙、陶鼓、陶哨以及用以祭祀的陶俑。而面对如此场景，可见那“泥与火”结晶的陶，上万年以来，即便是那些普通的酱缸、酒坛，也是一直都没有离开过我们的生活。

阿金锻造龙泉宝剑

时间的长河漫长无尽，人类的历史却稍纵即逝，恰如龙泉宝剑折射的寒光，从春秋末年的星空，照进了公元21世纪陈阿金师傅的眼里。两千年弹指一瞬间，他仿佛看见了龙泉剑那浸润着铁与血、悲与喜的历史画卷缓缓展开……

文會犀通翰墨緣
龍泉太阿自具神

龙泉宝剑至今已有 2600 多年的历史。相传春秋末期，宝剑始祖欧冶子奉楚王之命铸剑，遍访名山大川，寻至浙江龙泉，见秦溪麓古木参天，近旁铁英丰蕴，寒泉清冽，遂在此锻就“龙渊”、“泰阿”、“工布”三柄名剑，唐朝时因避高祖李渊讳，便把“渊”字改成“泉”字，曰“龙泉剑”。从此，龙泉宝剑名扬天下。

早在汉代，龙泉剑就被尊称为“宝剑”，浙江龙泉也成为代代相传的宝剑之乡。阿金剑铺中摆满了大大小小、各式各样的剑器。

龙泉剑从原料到成品需要经过炼、锻、铲、锉、刻花、嵌铜、冷锻、淬火、磨光等 28 道工序。

生铁含有的杂质较多，质地软硬不一，需要经过炉火的煅烧和反复地捶打才能摆脱生铁特性。这一系列复杂和艰苦的手工程序，正是锻剑工艺中最难、最艰苦也是重要的环节。对阿金师傅来说，这已经是家常便饭了。

将生铁置于900℃左右的炉火之中烧红烧透，使其变软。之后，取出来放在铁砧之上敲打。每一个面都需要反复敲打，力道要均匀饱满，使铁块经过充分地挤压，阿金师傅说："这样才能去掉生铁中的杂质，变成钢材。"这就是所谓的"百炼成钢"。

基本锻打后得到的钢，还要经过折叠锻打，变成更加纯正、更加坚固的钢材。这一过程耗时甚久，长达几个月。之后，还要经过复合加钢——将折叠锻打后的钢与普通的钢贴在一起，进行煅烧和多次捶打，使其完全黏合在一起。这样，龙泉剑就具有了完美的物理特性：锋刃锐利，刚柔并济。

历经铲、锉、刻花、嵌铜、磨光等工序打磨剑身。传统的手工磨光包括粗磨、细磨、精磨（用当地特有的亮石磨光），使宝剑寒光逼人。

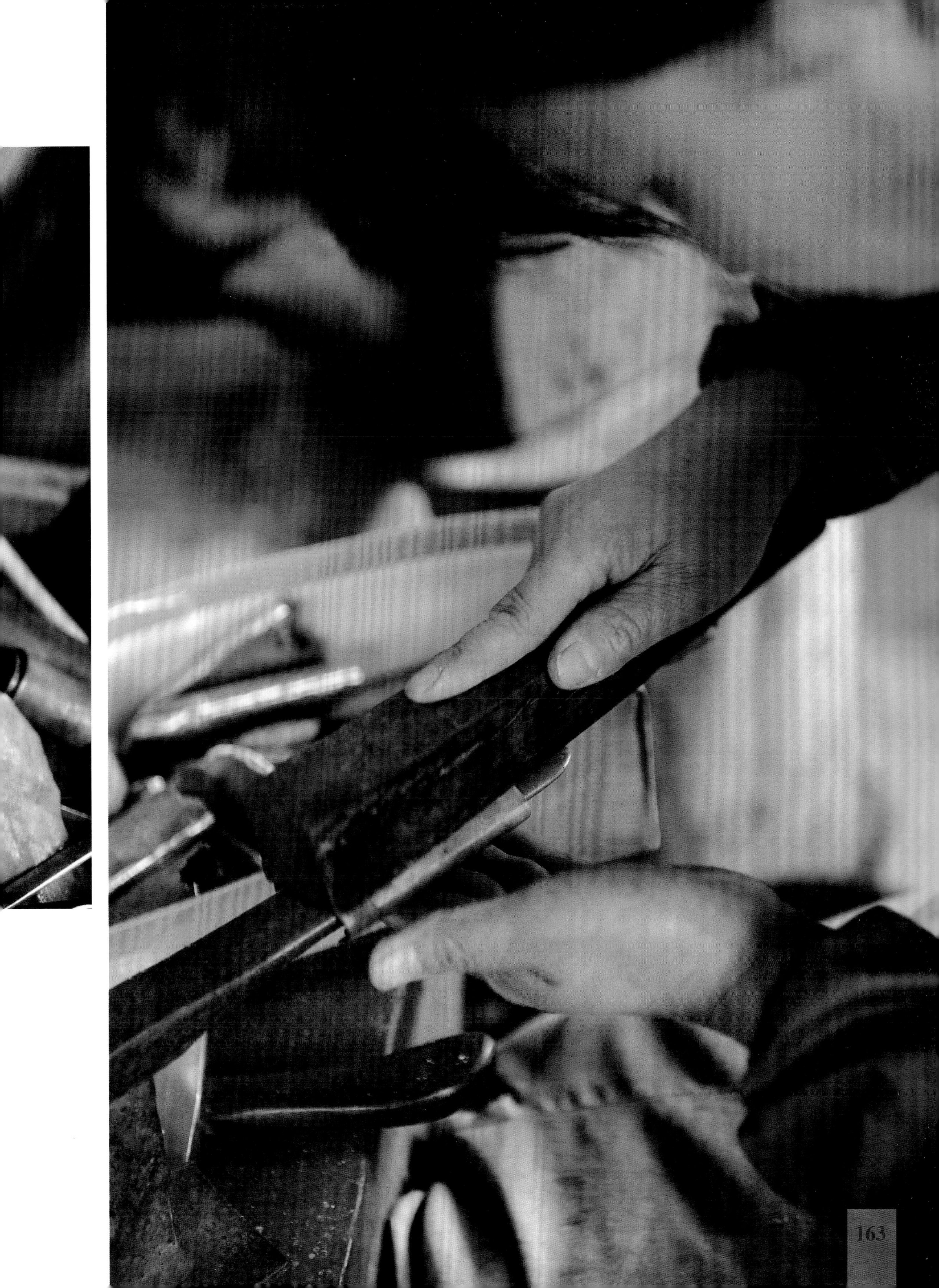

龙泉剑纹饰巧致。剑身除镌刻有龙凤、七星图案外，有的还刻有剑主姓名以作纪念。剑鞘、剑柄以当地特产的梨木制成，纹理美观，不翘不裂，并镶以银、铜镂花饰件，古朴而庄重。

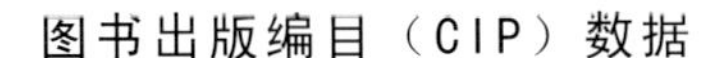

图书出版编目（CIP）数据

百工之人／刘晓峰著；刘晓峰摄影．
—北京：中国科学技术出版社，2015
（中国古老文化寻踪）
ISBN 978 7 5046 6787 8
Ⅰ．①百…　Ⅱ．①刘…　②刘…　Ⅲ．①手工业—介绍—中国
Ⅳ．①TS95

中国版本图书馆CIP数据核字（2014）第299611号

作　　者　刘晓峰
摄　　影　刘晓峰
统　　稿　黄明哲
审　　定　罗　哲

出 版 人　苏　青
策划编辑　肖　叶　胡　萍
责任编辑　张　莉
封面设计　朱　颖

封面摄影　刘晓峰
装帧设计　朱　颖
责任校对　林　华
责任印制　马宇晨
法律顾问　宋润君

中国科学技术出版社出版
http：www.cspbooks.com.cn
北京市海淀区中关村南大街16号
邮编：100081
电话：010-62173865　传真：010-62179148
科学普及出版社发行部发行
鸿博昊天科技有限公司印刷

*

开本：635毫米×965毫米 1/8　印张：21　字数：336千字
2015年1月第1版　2015年1月第1次印刷
ISBN　978-7-5046-6787-8/TS·72
印数：1-3000册　定价：148.00元